LETRA ROJA

Primeira edição: 15 de outubro de 2022

Copyright © 2022 Marcos Cervantes Janssen

Editado por Editorial letr@roja

https://www.facebook.com/LETRA3ROJA

https://www.newtek.janssen@gmail.com

https://payhip.com /letra33roja

https://newtekjanssen.es.tl/

letra3roja@gmail.com

MATEMÁTICA

Simplificar e Solucionar

By: Marcos Cervantes Janssen

ÍNDICE:

- PREFÁCIO..............................5
- FÓRMULAS..............................7
- EQUAÇÕES..............................8
- VARIÁVEIS..............................9
- CONSTANTE............................10
- MÉDIAS..................................11
- TOLERÂNCIA..........................12
- PAR E ÍMPAR..........................13
- INTEIROS E FRAÇÕES..............14
- NÚMEROS NATURAIS...............15
- NÚMEROS PRIMOS:..................17
- NÚMEROS IMAGINÁRIOS...........20
- NÚMEROS INFINITOS................23
- EPÍLOGO................................27

PREFÁCIO:

Diz-se que a matemática é uma ciência exata, Além disso, um verdadeiro matemático sabe o que significa ponto flutuante, números negativos e o mundo das frações. Da mesma forma, simplificar e tirar médias são apenas ferramentas para não se perder neste maravilhoso mundo de resultados infinitos, por isso a matemática sempre será progressiva, a caminho de uma solução pontual. A matemática é a força resolutiva dos problemas reais, por meio de números escritos que representam com precisão cada movimento do problema a ser resolvido. A matemática são as pinceladas e pinceladas de uma pintura com infinitos detalhes, uma pintura da nossa realidade existente e existencial, portanto uma ferramenta utilizada desde o início da nossa história.

Através das palavras, as ideias são incorporadas e assim escritas, são preservadas por gerações, para que através dos números, formas e sua razão existencial perdurem em nossa cultura, da mesma forma que possam ser estudadas mais profundamente, herdadas para continuar desfrutando de seu conhecimento ilimitado. , neste nosso universo que é indubitavelmente matemático. Desta forma, nesta escrita, será exposto um raciocínio lógico pelo qual se manifesta a importância dos números, qual escrita completa da forma existencial, que desta forma que toda escrita é exposta, como fruto do pensamento e da lógica racional, também Mesmo a gramática, como a lógica, implica leis e regras que sempre foram concebidas naturalmente. É a descoberta de nossa natureza matemática que deslumbra grandes possibilidades de resolução constante.

FÓRMULAS:

Qualquer instrução que define uma solução e que esteja devidamente escrita, sistematiza com eficiência o processo, que pode ser replicado com a precisão necessária para cada assunto. Este procedimento com seus componentes, que apresentam uma solução definida, são simplistas.

Já em seu caso complexo, são estudados para o entendimento do problema a ser resolvido, é assim, que a eficiência certamente não depende do grau de simplificação, mais se do seu aumento na frequência de resolução. Dessa forma, o mais importante não é o comprimento, mas a precisão através da inclusão do maior número de incógnitas, o que aumentará a eficiência da solução e do resultado esperado.

EQUAÇÕES:

As equações são um conjunto de fórmulas, que contém uma variedade de incógnitas, chamadas variáveis, são elas que representam cada uma das partes de um problema ou situação levantada conforme o caso. Isso se refere a diferentes ações, que são iguais, umas às outras, desta forma é que o nome é derivado, chamado **EQUAÇÕES**.

A equação não é uma fórmula de solução para um problema isolado, a equação leva uma infinidade de incógnitas, que são soluções umas das outras, assim denotamos como cada incógnita é parceira na solução como um todo, portanto, uma solução é frequentemente compartilhada por problemas diferentes, e uma equação um sistema.

VARIÁVEIS:

São os elementos, cujo valor não está definido no momento, mais através da matemática é quando se encontra o valor que corresponde a cada variável, assim a equação, através das fórmulas e procedimentos correspondentes, revela o valor de cada variável, vamos lembramos a importância das variáveis como partes individuais e importantes, para uma completude. Cada variável é por si só, importante e única, ainda mais quando se encontra em um sistema de inclusão de indivíduos, é assim que cada variável se torna um parceiro essencial na equação, encontrar o valor da variável é a solução pontual, o a própria variável é uma constante, mas de forma desconhecida, o que requer um processo de resolução para revelar seu verdadeiro valor na equação.

CONSTANTE:

Uma constante é um valor determinado por algum fenômeno estável, isso é muito útil porque é um elemento já conhecido, então a equação terá um começo, uma constante, por isso é uma base fundamental para resolver em matemática. A constante é o oposto da variável, a constante é dada pela natureza e suas leis já estabelecidas, descobertas ao longo da história pelo ser humano; As constantes são a definição do modo e da forma, que sem nenhuma mudança brusca, trazem estabilidade, conhecimento, à estrutura. Mas assim como o funcionamento da nossa existência, um exemplo de constante é o número pi, também todo número natural é uma constante, pois por exemplo 3 sempre valerá três, isso na situação que isso, as constantes estão presentes em tudo.

AVERAGE:

A média é resultado de diversas situações, em uma média, que reúne todos os valores em torno de um que os represente, como uma aproximação comum, a média é uma solução de conciliação entre extremos perigosos.

A palavra média significa ser a favor da média, temperança não é o mesmo que tibieza, todos esses conceitos, embora nos pareçam matemáticos, nos revelam o caráter universal da matemática na vida e na existência humana, por isso o assunto da matemática nos interessa neste escrito referindo-se ao **todo** e não apenas aos números.

A média é quem representa um grande grupo de diferentes unidades, é quem mede a tendência central, com a qual um sistema muito grande e disperso, pode ter identidade para ser conhecido, analisado e compreendido.

TOLERÂNCIA:

Também chamada de margem de erro, quanto menor a tolerância, maior a precisão ou perfeição, da mesma forma que a flexibilidade desempenha um papel na tolerância, os sistemas flexíveis possuem um percentual de tolerância suficiente para conformidade e não quebra de um processo específico, isso sem dar lugar à dissolução ou destruição na sua totalidade, por fragmentação descontrolada.

A tolerância é vital para a resolução de problemas de forma mais rápida, pois tendo margens de movimento resolutivo, as possíveis soluções já podem ser vislumbradas com antecedência, enquanto diferentes soluções já são um parâmetro de avanço para a última solução, é assim que a tolerância permite vislumbrar a solução de antemão, cada problema tem assim uma variedade de caminhos para uma única resposta final.

PAR E ÍMPAR:

Os números são divididos primeiramente em dois grandes grupos, positivos e negativos, sendo em segundo lugar pares e ímpares, então desta forma temos que um número par é simétrico em sua divisão, é também que em sua divisão sempre dá como resultado, os inteiros, ao contrário dos números ímpares quando divididos em dois, dão como resultado as frações, que contêm em si, a chamada tolerância dependendo dos decimais que contêm, é assim que os números pares divididos em dois e os números ímpares levam isso uma propriedade matemática tão importante na análise que implica nas operações necessárias em cada situação, isto como funções naturais.

Os números ímpares são tão importantes e necessários por causa de sua variedade divisível e seu equilíbrio em mais de duas partes, sendo multilinks balanceados.

INTEIROS E FRAÇÕES:

"Todos os números inteiros são racionais, ou seja, podem ser expressos como uma fração, embora nem todos os números racionais sejam inteiros."

Os números racionais são representados na forma de frações e incluem todos os números que podem ser expressos como uma divisão entre dois números inteiros.

Por outro lado, as frações, como o próprio nome indica, são formadas por uma parte inteira e uma decimal. As frações podem ser representadas de várias maneiras: , com um tom positivo .

A adição de inteiros e frações é uma operação matemática que se realiza para obter o resultado da soma de dois ou mais números. Esta operação pode ser feita manualmente ou usando calculadoras.

NÚMEROS NATURAIS:

A natureza dos números naturais é muito interessante. Eles geralmente são chamados de "números inteiros positivos", pois incluem apenas números inteiros positivos. No entanto, eles também incluem zero. Portanto, às vezes são chamados de "números inteiros positivos e zero".

La naturaleza de los números naturales es muy simple: son todos los números que se encuentran en la secuencia 1, 2, 3, 4, 5, 6, 7, 8, 9, 10, 11, 12, 13, 14, 15. .. e assim por diante. Como você pode ver, essa sequência começa com o número 1 e não tem limite superior; portanto, podemos dizer que os números naturais são todos aqueles encontrados nessa sequência. de 1 em diante.

Os números naturais são tão necessários para as equações que precisam ser incluídos em quase todas as equações.

Números naturais: uma introdução Os números naturais são inteiros positivos, ou seja, os números 1, 2, 3, 4, 5 e assim por diante. Eles podem ser usados para contar coisas ou medir quantidades. Por exemplo, podemos contar quantas pessoas estão em uma sala usando números inteiros. Também podemos medir o comprimento de uma mesa em metros ou centímetros usando números naturais.

Os números naturais podem ser representados de várias formas, por exemplo, com figuras ou símbolos. Neste documento vamos usar símbolos para representar os números naturais. Os símbolos mais comuns para representar os números naturais são os dígitos de 0 a 9 (por exemplo, 3 é representado como "3").

NÚMEROS PRIMOS:

Números primos são aqueles números que só podem ser divididos entre si e a unidade. Ou seja, eles não podem ser divididos por nenhum outro número. Por exemplo, o número 7 é um número primo, pois só pode ser dividido por ele mesmo (7) e pela unidade (1). Por outro lado, o número 6 não é um número primo, pois pode ser dividido entre 2 (3 vezes), 3 (2 vezes) e 6 (uma vez). A NÚMEROS PRIMOS sobre: . Com um tom confiante.

Números primos são números que podem ser divididos por um único número. Por exemplo, 2 é um número primo porque só pode ser dividido por um. Além disso, 0 é um número primo, pois não pode ser dividido. Muitas coisas famosas na matemática e no mundo foram feitas com números primos. Por exemplo, o sistema numérico em circuitos eletrônicos e relógios digitais é baseado em números primos. Os números primos também são essenciais para a criptografia, que é usada para proteger os dados em muitos casos.

O primeiro número primo é conhecido como 0 e tem apenas um fator: ele mesmo. Naquela época, as pessoas pensavam que 0 era o elemento mais básico. Na verdade, os antigos gregos às vezes chamavam 0 de vazio ou ausência de algo. Com o tempo, as pessoas descobriram que 0 é na verdade um número, e não apenas uma letra, então é interessante ver como nossa compreensão dos números mudou. Uma vez que 0 foi o primeiro número primo, é um símbolo de princípios e fatores.

No entanto, existem muitos fatores que podem ser usados para dividir esses números. Além disso, esses números são muito comuns: quase todo mundo conhece pelo menos três números primos. Por exemplo, 3 é um número primo porque nenhum número pode ser dividido exatamente por 3 sem deixar resto. Portanto, 3 é um número primo ideal por vários motivos, como causar formas geométricas ou fazer parte de leis naturais como a gravidade.

O número primo mais comum é o 3 e acredita-se que seja o número de Deus. A Igreja Católica tem suas cruzes em 3 nas vigas de seu edifício sagrado. Além disso, existe o fruto de treze pontas com 3 sementes em cada uma de suas formas e três sementes com 3 pontas em cada uma de suas sementes. Acredita-se que a multiplicidade dos números 3 seja um dom do espírito porque Ele disse 'o Espírito emana da Palavra E a Palavra são Números'. Portanto, a multiplicidade do Espírito divino é a mesma da própria Divindade, ou seja, o número 3.

NÚMEROS IMAGINÁRIOS:

Os números imaginários são um conceito difícil de explicar aos outros. Um número é real se existir no espaço e no tempo, mas imaginário se não existir. Os números imaginários fazem parte da matemática, que é uma forma de pensar e se comunicar.

Os números são usados em todos os campos da vida e têm muitas aplicações práticas. Por exemplo, os computadores usam números para realizar cálculos e os profissionais médicos os usam para mapear a anatomia humana.

Sem números imaginários, o mundo moderno não funcionaria do jeito que funciona. Todos os números são imaginários, todos são baseados no infinito. 8 é o primeiro número imaginário; é chamado i e representa o número 1. Muitos outros são adicionados para criar outros números. O número 8 é representado pela letra 'i' porque se parece com a letra maiúscula 'I'. Números imaginários podem ser usados para representar grandes quantidades de dados. Eles são especialmente úteis ao lidar com equações matemáticas e científicas.

Embora não sejam reais, os números imaginários ajudaram imensamente a humanidade. O 8 tem propriedades especiais em comparação com os outros sete números imaginários.

É positivo e infinito. Todos os outros números são negativos ou finitos, o que significa que eles têm um final. Além disso, o número 8 é par; todos os números pares são positivos e infinitos também. Embora não sejam reais, o 8 tem muitas aplicações no mundo moderno. Embora os números imaginários não sejam reais, eles ainda são uma preocupação quando se trabalha com matemática. Trabalhar com 0 ou 1 não é um problema, pois eles não existem no espaço ou no tempo.

No entanto, adicionar ou subtrair números imaginários pode ser complicado. Adicionar 0+0=0 é fácil, pois 0 existe no espaço e no tempo. Por outro lado, não é possível somar um número infinito como 8, pois o infinito também não existe no espaço nem no tempo.

Portanto, é melhor continuar trabalhando com números reais ao somar ou subtrair números imaginários. Isso não comprometerá um pouco os resultados, mas tornará o processo muito mais fácil. Os números imaginários são parte integrante da matemática e ajudam imensamente a humanidade sem nunca serem reais. Portanto, todos devem saber como usá-los. Os números estão por toda parte na sociedade; portanto, imaginários também são necessários. A originalidade é fundamental ao criar novas ideias; sem eles, a humanidade não estaria onde está hoje.

NÚMEROS INFINITOS:

Número infinito é uma expressão usada para descrever as quantidades infinitas de números.

Foi introduzido por Georges Eugene Edouard Lemaître em 1918 como uma resposta à teoria da relatividade de Einstein. De acordo com Einstein, o número de números infinitos é o mesmo que o número de partículas infinitesimais no universo.

Dessa forma, o número infinito é um conceito que ilustra a complexidade da matemática e os limites da compreensão humana.

Zero é um número sem nome. É representado pela letra 'x' e é usado para inicializar muitos sistemas numéricos. Por exemplo, na astronomia, eles têm graus, minutos e segundos. Em química, você tem moles, gramas e quilogramas. Na engenharia, você tem parafusos e polegadas. O principal uso do zero é simplificar expressões e cálculos matemáticos.

No entanto, também é usado em transações financeiras para acompanhar contas de poupança e saldos bancários. Como você pode imaginar, adicionar mais zeros a um número o torna maior, numericamente falando.

Números com mais zeros são chamados de maiores ou maiores números infinitos. Por exemplo: 1.000.000 é um número infinito maior que 999.999 porque o primeiro número tem dois zeros; 1.000.000 é um zeta mais um zeta; enquanto o último tem apenas um zeta. Os maiores números infinitos podem durar para sempre porque podem ser expressos usando diferentes sistemas numéricos básicos.

Por exemplo: 1.000.000.000 é expresso usando o sistema decimal com dez como sistema numérico de base, isso significa que tem 10 zeros (1 trilhão). O sistema numérico básico para números infinitos maiores também pode ser infinito; isso permite que o Base Infinite Number System (BINS) manipule números muito grandes. Nem todos os matemáticos concordam sobre qual deve ser o limite para números infinitos maiores; alguns dizem que não existe, porque ao considerar sistemas numéricos básicos maiores, como hexadecimal (16) ou octal (8), não há limites para o tamanho que um número infinito pode atingir. Além disso, não há limite ao considerar todos os números naturais possíveis (de 0 a infinito).

Isso significa que não há limite para quantas coisas existem no universo, ou quanta informação ou conhecimento temos sobre essa informação.

Embora nossa compreensão dessas quantidades infinitas seja limitada, ainda mostramos que a matemática é uma ferramenta essencial usada em toda a sociedade.

Os números infinitos são respostas às teorias das proporções cósmicas propostas por Albert Einstein no início da década de 1920.

Ele acreditava que o espaço é formado por um número infinito de partículas infinitesimais.

Embora não possamos compreender o infinito, a matemática continua a provar seu valor na vida cotidiana.

Quantidades infinitas ajudam as pessoas a conceituar e calcular grandes quantidades de dados e informações.

Embora ainda estejamos descobrindo muitas aplicações para números infinitos em nossas vidas diárias, eles ainda são reinos fascinantes cheios de possibilidades ilimitadas.

EPÍLOGO:

Sem limites! a civilização evoluiu, por isso hoje reconhecemos a necessidade de continuar estudando e nos aprofundando em todas as áreas da matemática, não devemos pensar por um momento que a verdade está ao nosso alcance, pois o universo nos revela o quão imenso e eterno é seu entendimento , o caminho da compreensão matemática depende do exercício, juntamente com a prática de todas as suas diferentes estratégias de resolução.

Temos mais e melhores procedimentos que simplificam o resultado, assim como os problemas, em cada época são totalmente diferentes, mais com a mesma necessidade de serem resolvidos e assim evoluir, sendo a prática sempre a prioridade.

O UNIVERSO SE MANIFESTA EM NÚMEROS, APENAS PARA A MENTE RACIONAL.

Todos os direitos reservados. Sob as sanções estabelecidas no ordenamento jurídico,
sem a autorização por escrito dos detentores dos *Copyright* ©
reprodução total ou parcial desta obra por
qualquer meio ou procedimento
, reprografia e tratamento informático
.

Hola, soy Investigador, escritor e ingeniero en comunicaciones, a través de mi vida, experimente situaciones fuerte en todo sentido, deseo que tu vida vaya cada vez mejor, y que evoluciones la mas que puedas expandiendo tu conocimiento, mente y tu voluntad, estoy seguro podemos encontrar un expandir nuestra existencia, deseo acompañarte siempre, y te agradezco de antemano "ESTÉS"

Se dice que las matemáticas, son una ciencia exacta, más, un verdadero matemático, sabe que significa el punto flotante, números negativos, y el mundo de las fracciones.

Así también, simplificar y promediar, son solo herramientas para no perdernos en este maravilloso mundo de resultados infinitos, las matemáticas, serán siempre progresivas, en el camino a la solución puntual.

Las matemáticas son la fuerza resolutoria de problemas reales, mediante números escritos que representan con exactitud cada movimiento del problema a resolver.

Las matemáticas son los trazos y pinceladas de un cuadro con infinitos detalles, un cuadro de nuestra realidad existente y existencial, así pues una herramienta utilizada desde el principio de nuestra historia.

www.ingramcontent.com/pod-product-compliance
Lightning Source LLC
Chambersburg PA
CBHW050327220526
45465CB00005B/2159